¡Conocimiento a tope!
Tiempo tecnológico

¡La tecnología y tú!

Cynthia O'Brien
Traducción de Pablo de la Vega

CRABTREE
PUBLISHING COMPANY
WWW.CRABTREEBOOKS.COM

Objetivos específicos de aprendizaje:
Los lectores:

- Entenderán que una tecnología es una herramienta que hace la vida más fácil, segura y divertida.
- Identificarán y explicarán algunas de las tecnologías con las que la gente cuenta cada día.
- Harán preguntas sobre la manera en que utilizamos la tecnología todos los días, y las responderán.

Palabras de uso frecuente (primer grado) a, el, es, hace(n)(s), la, las, los, usar(s), y	**Vocabulario académico** facilitar, información, proteger, recopilar, tecnología

Estímulos antes, durante y después de la lectura:

Activa los conocimientos previos y haz predicciones:
Pide a los niños que lean el título y vean las imágenes de la tapa y la portada.

Despierta su interés y activa sus conocimientos previos haciendo afirmaciones y pidiéndoles que los aprueben o desaprueben con el pulgar. Las afirmaciones podrían incluir:

- La niña de la portada está usando una tecnología.
- Un autobús escolar es un ejemplo de tecnología.
- La tecnología consiste sólo de aparatos digitales.
- La tecnología está siempre a nuestro alrededor.

Durante la lectura:
Después de leer las páginas 18 y 19, pide a los niños que piensen en las tecnologías que usan dependiendo del clima. Pregúntales:

- ¿Qué tecnologías ves en estas páginas?
- ¿Cómo protegen a la gente en distintos climas?
- ¿Cómo está el clima hoy? ¿Usaste o vestiste alguna tecnología para protegerte?

Después de la lectura:
Habla con los niños sobre las tecnologías que usan todos los días. Invítalos a crear líneas del tiempo en las que identifiquen e ilustren todas las tecnologías que usan de la mañana hasta la noche.

Author: Cynthia O'Brien

Series development: Reagan Miller

Editor: Janine Deschenes

Proofreader: Melissa Boyce

STEAM notes for educators: Janine Deschenes

Guided reading leveling: Publishing Solutions Group

Cover and interior design: Samara Parent

Photo research: Cynthia O'Brien and Samara Parent

Print coordinator: Katherine Berti

Translation to Spanish: Pablo de la Vega

Edition in Spanish: Base Tres

Photographs:
iStock: FamVeld: p. 19 (top); vitapix: p. 20
All other photographs by Shutterstock

Library and Archives Canada Cataloguing in Publication

Title: ¡La tecnología y tú! / Cynthia O'Brien ; traducción de Pablo de la Vega.
Other titles: Technology and you! Spanish
Names: O'Brien, Cynthia (Cynthia J.), author. | Vega, Pablo de la, translator.
Description: Series statement: ¡Conocimiento a tope! Tiempo tecnológico | Translation of: Technology and you! | Includes index. | Text in Spanish.
Identifiers: Canadiana (print) 20200300741 | Canadiana (ebook) 2020030075X | ISBN 9780778784180 (hardcover) | ISBN 9780778784302 (softcover) | ISBN 9781427126559 (HTML)
Subjects: LCSH: Technology—Juvenile literature. | LCSH: Inventions—Juvenile literature.
Classification: LCC T48 .O27518 2021 | DDC j600—dc23

Library of Congress Cataloging-in-Publication Data

Names: O'Brien, Cynthia (Cynthia J.), author. | Vega, Pablo de la, translator.
Title: ¡La tecnología y tú! / traducción de Pablo de la Vega ; Cynthia O'Brien.
Other titles: Technology and you! Spanish
Description: New York, NY : Crabtree Publishing Company, [2021] | Series: ¡Conocimiento a tope! Tiempo tecnológico | Translation of: Technology and you!
Identifiers: LCCN 2020033499 (print) | LCCN 2020033500 (ebook) | ISBN 9780778784180 (hardcover) | ISBN 9780778784302 (paperback) | ISBN 9781427126559 (ebook)
Subjects: LCSH: Technology--Juvenile literature. | Tools--Juvenile literature.
Classification: LCC T48 .O2718 2021 (print) | LCC T48 (ebook) | DDC 600--dc23

Printed in the U.S.A./102020/CG20200914

Índice

Crabtree Publishing Company
www.crabtreebooks.com 1-800-387-7650
 In Canada: We acknowledge the financial support of the Government of Canada through the Canada Book Fund for our publishing activities.

Published in Canada
Crabtree Publishing
616 Welland Ave.
St. Catharines, Ontario
L2M 5V6

Published in the United States
Crabtree Publishing
347 Fifth Ave
Suite 1402-145
New York, NY 10016

Published in the United Kingdom
Crabtree Publishing
Maritime House
Basin Road North, Hove
BN41 1WR

Published in Australia
Crabtree Publishing
Unit 3 – 5 Currumbin Court
Capalaba
QLD 4157

Tecnología en todas partes

Usas o ves **tecnologías** todo el día. Hacen tu vida más fácil, segura y divertida.

¡Un patinete es una tecnología que hace la vida más divertida! Un casco es una tecnología que hace la vida más segura.

Empiezas a usar tecnologías desde que comienza tu día.

Tu cepillo de dientes es una tecnología que hace más fácil que te limpies los dientes.

En la cocina

¡Es hora de comer! Mira la cocina. ¿Qué tecnologías ves?

Un refrigerador mantiene fría la comida. Permite que la comida se mantenga **fresca** y sea seguro comerla.

Platos hondos, cucharas y vasos son ejemplos de tecnologías. Hacen que comer sea más fácil. ¿Qué otras tecnologías usas para comer?

Vistiendo tecnología

¡También puedes vestirte con tecnología! Los zapatos y las botas son tecnologías. Los sombreros y las gafas son tecnologías.

Los zapatos **protegen** tus pies. Hacen que correr y brincar sea más fácil.

Las botas mantienen tus pies cálidos y secos cuando llueve o cae nieve.

Las gafas ayudan a algunas personas a ver mejor.

Yendo a la escuela

Haces uso de la tecnología para llegar a la escuela.

Un autobús escolar permite que los niños lleguen más fácilmente a la escuela. ¡En un autobús caben muchos niños!

Algunos niños llegan en bicicleta a la escuela. ¿Cómo llegas tú?

Una mochila es una tecnología que te ayuda a llevar cosas a la escuela.

En la escuela

En la escuela hay tecnologías que te ayudan a aprender y a divertirte.

Los libros hacen que aprender sea más fácil. Tienen **información** que puedes leer. ¡También son divertidos de leer!

Bolígrafos y alfombrillas para el ratón son también ejemplos de tecnologías. ¿Qué otras tecnologías hay en tu escuela?

Diversión al aire libre

¿Te gustan los juegos? La tecnología hace que los juegos sean más fáciles, seguros y divertidos.

Los patines hacen más fácil moverse sobre el hielo.

La gente usa una pelota y un palo para jugar **lacrosse**.
Se ponen cascos y almohadillas para mantenerse seguros.

Trabajos al aire libre

Jardines y parques son lugares divertidos donde puedes jugar. Las tecnologías nos ayudan a cuidarlos.

Una cortadora de césped nos ayuda a mantener el césped bien cortado.

Una pala de jardinería nos ayuda a plantar flores.

En el otoño, las hojas de los árboles se caen. Un rastrillo nos ayuda a recoger y amontonar las hojas. ¿Ayudas en el trabajo al aire libre?

Climas distintos

La tecnología te ayuda en cada tipo de **clima**.

Quizá uses un sombrero cuando hay mucha luz del Sol.
Protege tus ojos y piel de sus **brillantes** rayos.

Un paraguas te ayuda a mantenerte seco cuando llueve.

Los guantes mantienen tus manos calientes cuando el clima es frío.

Viendo de noche

De noche, todo se hace oscuro. ¡La tecnología nos ayuda a ver en la noche! Esto hace que movernos por la noche sea más fácil y seguro.

 Un foco es una tecnología. Ilumina los espacios de nuestras casas.

¿Te has subido a un automóvil de noche? Muchas calles tienen farolas. Los automóviles tienen faros. Los dos ayudan a los conductores a ver. Hacen que manejar de noche sea más seguro.

Palabras nuevas

brillantes: adjetivo. Que dan mucha luz.

clima: sustantivo. Cómo está afuera, por ejemplo, lloviendo o con Sol.

fresca: adjetivo. Nueva; sin echarse a perder.

información: sustantivo. Conocimientos pasados por escrito o verbalmente.

lacrosse: sustantivo. Un juego de equipo en el que los jugadores usan palos para lanzar pelotas hacia una portería.

protegen: verbo. Que evitan que te lastimes.

tecnologías: sustantivo. Las herramientas que nos ayudan a hacer nuestras actividades.

Un sustantivo es una persona, lugar o cosa.

Un verbo es una palabra que describe una acción que hace alguien o algo.

Un adjetivo es una palabra que te dice cómo es alguien o algo.

Índice analítico

Sobre la autora

Cynthia O'Brien ha escrito muchos libros para jóvenes lectores. Es divertido ayudar en la creación de una tecnología como el libro. Los libros pueden estar llenos de historias. También te enseñan acerca del mundo que te rodea, incluyendo otras tecnologías.

Para explorar y aprender más, ingresa el código de abajo en el sitio de Crabtree Plus.

www.crabtreeplus.com/fullsteamahead

Tu código es:
fsa20

(página en inglés)

Notas de STEAM para educadores

¡Conocimiento a tope! es una serie de alfabetización que ayuda a los lectores a desarrollar su vocabulario, fluidez y comprensión al tiempo que aprenden ideas importantes sobre las materias de STEAM. *¡La tecnología y tú!* hace uso de ejemplos claros para animar a los lectores a hacer preguntas sobre cómo usan la tecnología todos los días, y responderlas. La actividad STEAM de abajo ayuda a los lectores a expandir las ideas del libro para el desarrollo de habilidades tecnológicas y artísticas.

Un día tecnológico

Los niños lograrán:

- Identificar algunas tecnologías que usan o ven todos los días.
- Crear una tira cómica que los muestre usando tecnologías a lo largo del día.

Materiales

- Hoja de planeación de una tira cómica.
- Plantilla de una tira cómica.
- Materiales de arte, como crayones o lápices de colores, calcomanías, marcatextos, etc.

Guía de estímulos

Después de leer *¡La tecnología y tú!*, pregunta a los niños:

- ¿Qué es la tecnología?
- ¿Pueden pensar en algunos ejemplos de tecnologías que usen todos los días? (Haz una lista con algunos ejemplos para inspirar a los niños).

Actividades de estímulo

Recuerda a los niños que ¡desde la mañana hasta la noche usan tecnologías! De manera divertida, mostrarán la tecnología que usan al crear una tira cómica.

Entrega a los niños la hoja de planeación de una tira cómica. Repasa los criterios con los niños.

Sus tiras cómicas deben tener:

- Seis dibujos representando el avance del día, con al menos una mañana, una tarde y una noche.
- Globos de diálogo en cada dibujo. Escribe algunos ejemplos en la pizarra para referencia, como:
    - ¡Ay! ¡La alarma de ese reloj es muy FUERTE!
    - ¡Casi olvido mi mochila!
    - ¡Los columpios son mis favoritos!
    - Qué bueno que traje mi borrador...
    - ¡Ñam! ¡Mi comida favorita!
    - ¡Adiós, día!

Cuando los niños hayan terminado la hoja de planeación, podrán hacer una copia definitiva en la plantilla. Pon todas las copias definitivas en una libreta. Plastifica las páginas o escanéalas para crear una libreta digital.

Extensiones

Invita a los niños a convertir sus tiras cómicas en una representación dramática corta, como una obra de teatro, una serie de retablos o un espectáculo de títeres.

Para ver y descargar la hoja de trabajo, visita **www.crabtreebooks.com/resources/printables** o **www.crabtreeplus.com/fullsteamahead** (páginas en inglés) e ingresa el código **fsa20**.